AF475277

GÉOGRAPHIE
DE
L'ESPAGNE

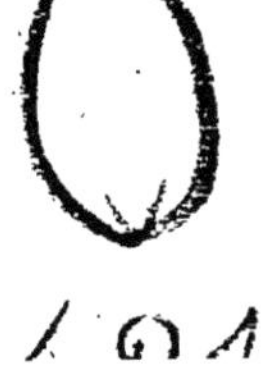

PERMIS D'IMPRIMER :

F. M. Bousquet,
Supérieur général.

Paris, 13 janvier 1900.

GÉOGRAPHIE

DE

L'ESPAGNE

PAR

UN PROFESSEUR DU COLLÈGE DES SACRÉS-CŒURS

DE MIRANDA-DE-EBRO (ESPAGNE)

COLEGIO DE LOS SAGRADOS CORAZONES

Miranda-de-Ebro.

—

1900

GÉOGRAPHIE GÉNÉRALE

NOTIONS PRÉLIMINAIRES

1. *Qu'est-ce que la géographie?*

La géographie est la description de la surface de la terre.

2. *Comment se divise la géographie?*

La géographie se divise en deux parties, qui sont : la **géographie physique** et la **géographie politique.**

La géographie physique étudie la configuration du sol ; la géographie politique traite spécialement des peuples et de leurs relations entre eux.

3. *Quelle est la forme de la terre?*

La terre a la forme d'une boule légèrement aplatie aux deux pôles.

4. *Que faut-il savoir pour étudier une carte?*

Pour étudier une carte, il faut connaître les **quatre points cardinaux** de l'horizon.

5. *Qu'est-ce que l'horizon?*

L'horizon est le cercle qui borne notre vue et semble réunir le ciel et la terre.

6. *Quels sont les quatre points cardinaux?*

Les quatre points cardinaux sont : le **Nord** ou **Septentrion**, l'**Est**, ou **Orient** ou **Levant**, le **Sud** ou **Midi**, l'**Ouest**, ou **Occident** ou **Couchant**.

7. *N'y a-t-il pas d'autres points qui peuvent servir à s'orienter?*

Il y a encore quatre autres points intermédiaires qu'on

appelle **points collatéraux**, ce sont : le **Nord-Est**, le **Sud-Est**, le **Sud-Ouest** et le **Nord-Ouest**. Tous ces points, ainsi que les points cardinaux, sont opposés à angles droits.

8. *Qu'est-ce que s'orienter?*

S'orienter, c'est reconnaître la direction de l'Orient et par suite de tous les autres points cardinaux et collatéraux, pour se diriger en pays inconnu.

9. *Comment s'oriente-t-on : 1° pendant le jour ; 2° pendant la nuit?*

On s'oriente : 1° **Pendant le jour**, en examinant la position du soleil aux différentes heures de la journée. En Espagne, il se trouve placé de la manière suivante : *En été*, il se lève à l'Est; à 9 heures, il est au Sud-Est; à midi, il

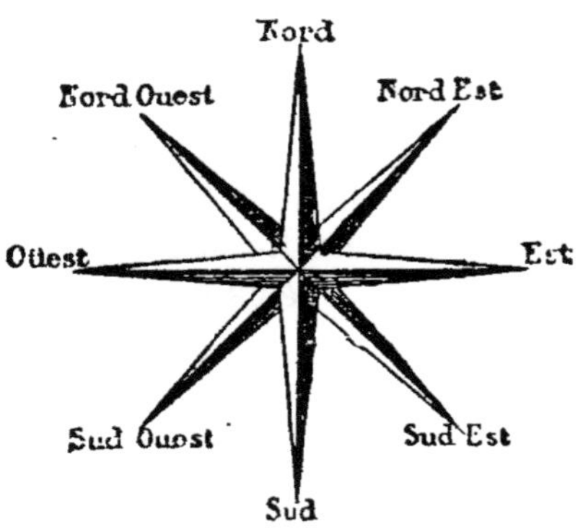

est au Sud ; à 3 heures, au Sud-Ouest; et, quand il se couche, à l'Ouest. *En hiver*, il se lève au Sud-Est et se couche au Sud-Ouest.

2° **Pendant la nuit**, on observe la marche de la lune qui va de l'Est à l'Ouest; et, si elle est invisible dans notre hémisphère, on se base alors sur l'**Etoile polaire** toujours placée au Nord.

Le jour et la nuit, on peut encore se servir de la boussole, dont l'aiguille est toujours tournée vers le Nord.

10. *De quoi se compose la surface du globe?*

La surface du globe est composée de terre et d'eau.

I. — Noms des différentes parties de la terre.

11. *Qu'appelle-t-on continent?*

Un *continent* est une vaste étendue de terre non interrompue. Ex. : l'Amérique.

12. *Qu'appelle-t-on île?*

Une *île* est une terre moins étendue qu'un continent et entourée d'eau de tout côté. Ex. : l'île de Fer.

13. *Qu'appelle-t-on archipel?*

Un *archipel* est un groupe d'îles. Ex. : les Canaries.

14. *Qu'appelle-t-on presqu'île* ou *péninsule?*

Une *presqu'île* est une portion de terre qui ne tient au continent que par un de ses côtés. Ex. : l'Espagne.

15. *Qu'appelle-t-on cap?*

Un *cap* est une pointe de terre qui s'avance dans la mer. Ex. : le cap Finisterre.

16. *Qu'appelle-t-on montagne?*

Une *montagne* est une grande masse de terre ou de rochers plus élevée que les parties environnantes. Ex. : les Pyrénées.

17. *Qu'appelle-t-on colline?*

On appelle *colline* une petite montagne.

18. *Qu'appelle-t-on pic?*

Le *pic* est le sommet d'une montagne finissant en pointe et d'un difficile accès. Ex. : le pic de Nethou.

19. *Qu'appelle-t-on col, gorge, défilé?*

Ce sont des passages étroits entre deux montagnes. Ex. : le col de Roncevaux.

II. — Noms pour désigner les différentes parties des eaux.

20. *Qu'appelle-t-on source?*

On appelle *source* l'endroit où un cours d'eau sort de terre. — Plusieurs sources réunies forment un *ruisseau*. — Plusieurs ruisseaux forment une *rivière*.

21. *Qu'appelle-t-on fleuve?*

— Le *fleuve* est la réunion de plusieurs rivières. Il se jette toujours dans la mer. Ex. : l'Ebre.

22. *Qu'est-ce que la rive droite et la rive gauche d'un fleuve?*

La *rive droite* et la *rive gauche* d'un fleuve, ce sont les deux côtés du fleuve que nous trouvons placés à notre droite ou à notre gauche, quand nous avons le visage tourné dans la direction du courant.

23. *Qu'est-ce qu'un affluent?*

On appelle *affluent* un cours d'eau qui se jette dans un autre plus grand que lui. Ex. : l'Aragon se jette dans l'Ebre, c'est un affluent de l'Ebre.

24. *Qu'est-ce qu'un canal?*

Un *canal* est une rivière creusée par les hommes pour unir deux rivières ou deux mers et faciliter les besoins de la navigation. Ex. : le canal de Suez, en Egypte.

25. *Qu'est-ce qu'un lac?*

C'est un grand espace d'eau enclavé dans les terres. — Une *lagune* est un petit lac. Ex. : le lac de Genève, la lagune de Grenade.

26. *Qu'est-ce que l'Océan?*

L'*Océan* est une immense étendue d'eau salée qui couvre les deux tiers du globe.

27. *Qu'est-ce qu'une mer?*

On appelle *mer* une partie considérable de l'Océan. Ex. : la Méditerranée.

28. *Qu'est-ce qu'un golfe?*

Un *golfe* est une partie de mer qui s'avance dans les terres. Ex. : le golfe de Gascogne.

29. *Qu'est-ce qu'un détroit?*

Un *détroit* est un bras de mer resserré entre deux terres. Ex. : le détroit de Gibraltar.

30. *Qu'est-ce qu'un port?*

Un *port* est un bassin creusé ou perfectionné par les hommes, et dans lequel les navires sont à l'abri des vents. Ex. : Santander, Vigo, Barcelone.

III. — Grandes divisions des terres.

31. *Comment se divise la terre?*

La terre se divise en deux continents : l'*Ancien Continent* et le *Nouveau Continent* : celui-ci fut découvert par Christophe Colomb en 1492.

32. *Quelles sont les cinq parties du monde?*

Les cinq parties du monde sont : l'Europe, l'Asie, l'Afrique, l'Amérique et l'Océanie.

IV. — Grandes divisions des eaux.

33. *En combien de parties se divise l'Océan?*

L'Océan se divise en cinq grandes parties, qui sont :

1° L'*Océan Atlantique*, entre l'Europe et l'Amérique;

2° Le *Grand Océan* ou *Océan Pacifique*, entre l'Asie et l'Amérique;

3° L'*Océan Indien*, en Asie;

4° L'*Océan Glacial Arctique*, au pôle Nord;

5° L'*Océan Glacial Antarctique*, au pôle Sud.

V. — Géographie politique.

34. *De quoi traite la géographie politique?*

La *géographie politique* traite des peuples, de leur gouvernement, des villes, de l'industrie et du commerce.

35. *Qu'est-ce qu'un peuple?*

Un *peuple* ou *nation* est un ensemble d'hommes appartenant à un même Etat ou à un même pays. Ex. : le peuple espagnol.

36. *Qu'est-ce qu'un Etat?*

Un *Etat* est un pays soumis au même gouvernement et formant une unité politique. Ex. : l'Espagne, la France.

Les grandes divisions administratives d'un Etat prennent des noms divers : de *provinces* en Espagne, de *départements* en France, de *gouvernements* en Russie, etc.

37. *Qu'est-ce qu'un gouvernement?*

Un *gouvernement* est l'autorité souveraine qui régit un Etat.

38. *Qu'est-ce qu'une Confédération?*

Une *Confédération* est la réunion de plusieurs Etats qui s'associent pour la défense de leurs intérêts communs. Ex. : les cantons suisses, l'empire fédératif d'Allemagne.

39. *Qu'est-ce qu'une République?*

Une *République* est un gouvernement dont le Chef ou Président est élu par la nation. Ex. : la République française.

40. *Qu'est-ce qu'un gouvernement monarchique?*

Un *gouvernement monarchique* est celui qui a pour chef un souverain héréditaire, empereur ou roi, etc. Ex. : le gouvernement espagnol.

VI. — Division politique de l'Europe.

41. *Quelles sont les nations de l'Europe?*

Les divisions politiques de l'Europe sont :

	Capitales.
L'Espagne.	Madrid.
Le Portugal	Lisbonne.
La France.	Paris.
L'Angleterre.	Londres.
L'Allemagne.	Berlin.
La Belgique.	Bruxelles.
La Hollande.	Amsterdam.
Le Danemark	Copenhague.
La Suède	Stockholm.
La Norvège	Christiania.
La Russie	Saint-Pétersbourg.
La Turquie	Constantinople.
La Roumanie	Bukharest.
La Serbie	Belgrade.
La Grèce	Athènes.
L'Autriche.	Vienne.
La Suisse	Berne.
L'Italie	Rome.

GÉOGRAPHIE NATIONALE

L'ESPAGNE

CAPITALE MADRID

I. — DESCRIPTION PHYSIQUE

42. *Quelle est la longitude de l'Espagne ?*

La longitude de l'Espagne est comprise entre 7°3′ à l'Est, au cap de Creus, et 5°35′ à l'Ouest au cap de Torignana, distants l'un de l'autre de 1 070 kilomètres.

43. *Quelle est sa latitude?*

Sa latitude est comprise entre le 36° à la pointe de Tarifa et le 44° à l'Estaca de Varez, distantes entre elles de 860 kilomètres. Il en résulte une différence de 50 minutes dans l'heure de l'Est à l'Ouest.

44. *Quelles sont les limites de l'Espagne?*

Les limites de l'Espagne sont : au Nord, le *golfe de Gascogne* et les *Pyrénées* qui la séparent de la France ; — à l'Est, la *Méditerranée;* — au Sud, la *Méditerranée*, le *détroit de Gibraltar* et l'*Océan Atlantique ;* — à l'Ouest, le *Portugal* et l'*Océan Atlantique.*

45. *Quelle est l'étendue de l'Espagne?*

L'étendue de l'Espagne est de 869 kilomètres du Nord au

Sud, du cap de Pegnas, dans les Asturies, à la pointe de Tarifa; et de 1115 kilomètres de l'Est à l'Ouest, du cap de Creus au cap Finisterre. Sa superficie, y comprise celle des Baléares et des Canaries, est de 507 036 kilomètres carrés; elle compte 174 villes, 4766 bourgs, 30 708 villages et hameaux. Le chiffre de la population, d'après les derniers recensements, s'élève à 18 millions d'habitants, appartenant à la famille latine et parlant la langue espagnole.

46. *Donnez un aperçu général sur l'Espagne?*

1° L'Espagne est un pays très montagneux, le plus montagneux de l'Europe après la Suisse, ce qui rend très facile la défense de son territoire.

2° Les fleuves et les rivières qui l'arrosent, contribuent beaucoup à la fertilité du sol, dont la moitié environ est cultivée.

3° Les récoltes de céréales très abondantes, de fruits de toute espèce, les vins, l'huile, le miel, le safran, le chanvre, le lin, la soie et d'autres produits naturels forment la principale richesse du pays.

4° On y élève de nombreux troupeaux de brebis et de bœufs, des mulets et des chevaux dans des pâturages considérables et multipliés.

5° Les montagnes sont riches en bois de construction, en gibier et aussi en mines de fer, de cuivre et de mercure.

6° Les côtes maritimes ainsi que les rivières fournissent une assez grande quantité de poissons de toute espèce.

7° Les sources ferrugineuses, salines, sulfureuses et chaudes y sont abondantes.

47. **Montagnes.** — *Quelles sont les principales chaînes de montagnes de la péninsule?*

Les plus grandes chaînes de montagnes de la péninsule sont :

1° La chaîne des **Pyrénées** qui s'étend de l'Est à l'Ouest, depuis la Catalogne jusque dans la Galice. Elle comprend : 1° les monts *Cantabres*, les monts *de Galice*, et les monts *des Asturies*. Le point le plus élevé est le pic de *Néthou*, 3404 mètres, sur la frontière des provinces de Lérida et de Huesca.

2° La chaîne **Ibérique**, qui se dirige du Nord au Sud-Est, depuis la province de Santander jusqu'au cap Gata. La sierra de la *Demanda*, les pics d'*Urbion*, d'*Alcaraz* et de

Ségura en sont les montagnes principales. Le pic le plus haut de cette chaîne est le mont *Cayo*, 2 315 mètres.

3° La chaîne des monts **Carpétaniens**, qui se prolonge depuis la province de Soria jusqu'au cap Roca en Portugal; elle prend les noms de *Somosierra*, *Guadarrama*, *Grédos* et *Béjar*. Cette chaîne a quelques ramifications moins importantes; son point le plus culminant est la *Place-du-Maure d'Almanzor*.

4° Les monts **Lusitaniens** ou de **Tolède**, qui traversent la Nouvelle-Castille et l'Estrémadure jusqu'en Portugal. — Les montagnes les plus remarquables sont : celles de *Tolède*, de *Guadeloupe*, de *Montanchez* et de *San-Mamed*. Cette dernière montagne sépare les eaux du Tage de celles de la Guadiana. Le point le plus élevé de la chaîne est le plateau du *Corocho-de-Rocigalgo*, 1 448 mètres.

5° La **Sierra Morréna**, sur les frontières de la Nouvelle-Castille et de l'Andalousie.

6° La **Sierra-Névada** ou monts *Neigeux*, qui traverse la partie méridionale de l'Andalousie et se dirige vers l'Ouest. On y remarque le pic de *Mulhacen*, 3 481 mètres, le plus élevé de la péninsule.

De ces chaînes de montagnes principales naissent un grand nombre de ramifications moins importantes.

48. **Caps.** — *Quels sont les caps les plus remarquables?*

Les caps les plus remarquables sont :

1° Le cap **Creus**, en Catalogne;

2° Les caps **Saint-Antoine, Saint-Martin, Nao**, dans la province de Valence;

3° Le cap **Palaos**, en Murcie;

4° Le cap **Gata**, dans l'Almérie;

5° Les caps **Trafalgar** et **Tarifa**, dans la province de Cadix;

6° Les caps **Finisterre, Ortégal** et la pointe **Estaca-de-Varez**, dans la Corogne;

7° Le cap **Pegnas**, dans les Asturies;

8° Le cap **Machichaco**, en Biscaye.

49. **Iles.** — *Quelles sont les îles qui font partie du territoire espagnol?*

L'Espagne possède, près des côtes, les **Baléares** et d'autres îles de peu d'importance, ce sont :

1° En Catalogne : les îles **Médas**;

2° Sur les côtes de la province de Castillon, les **Colombrètes ;**

3° Sur celles d'Alicante : **Bénidorm, Plana** ou **Nouvelle-Tabarca ;**

4° En Murcie : **Grossa, Hormigas** et **Escombreros ;**

5° Près de Cadix : **Tarifa, Léon ;**

6° En Galice : **Cies, Ons, Arosa ;**

7° En Biscaye : **Saint-Nicolas, Izaro** et **Aquèche ;**

8° Dans la province de Guipuscoa : **Saint-Antoine.**

50. **Golfes.** — *Quels sont les principaux golfes?*

1° Les golfes de **Rosas** et de **Saint-Georges**, en Catalogne ;

2° Le golfe de **Valence**, dans la province du même nom ;

3° Le golfe d'**Almérie**, dans la province du même nom ;

4° Les baies d'**Algéciras** et de **Cadix**, dans les provinces du même nom ;

5° Les baies de **Vigo, Pontévédra, Arosas**, en Galice ;

6° La baie de **Biscaye**, dans la province de ce nom.

51. **Fleuves.** — *En combien de versants se divise l'Espagne?*

L'Espagne se divise en trois versants principaux, savoir :

1° Le versant du Nord ou du golfe de Gascogne ;

2° Le versant de l'Ouest ou de l'Océan Atlantique;

3° Le versant de l'Est ou de la Méditerranée.

I. Versant du Nord. — Les principaux fleuves de cette région ont un parcours peu considérable et sont torrentiels pour la plupart. Le principal est la **Navia**, dans les Asturies.

II. Versant de l'Ouest. — Les fleuves qui arrosent ce versant, sont :

1° Le **Migno**, qui sort des *lagunes de Fuémina* (près de Lugo), parcourt un espace de 340 kilomètres, sert de frontière à la province de Pontévédra et au Portugal, et se jette dans l'Atlantique ;

2° Le **Douro**, qui descend des *rochers d'Urbion* près de Soria, parcourt un espace de 776 kilomètres, et se précipite dans l'Atlantique à Oporto en Portugal ;

3° Le **Tage**, qui prend sa source près d'*Albarracin* (prov. de Téruel), parcourt 825 kilomètres et débouche dans l'Océan Atlantique à Lisbonne ;

4° La **Guadiana**, qui naît dans les *lagunes de Ruidéra* (prov. de Ciudad-Réal), et se jette dans l'Atlantique entre l'Andalousie et le Portugal, après avoir parcouru 225 kilomètres;

5° Le **Guadalquivir**, qui sort des *collines de Ségura* (prov. de Jaen), et se jette dans l'Atlantique par Saint-Lucar-de-Barramède (prov. de Cadix). Son parcours est de 600 kilomètres.

6° Le **Guadalète**.

III. Versant de l'Est. — Les fleuves les plus considérables de ce versant sont :

1° La **Ségura**;

2° Le **Jucar**, qui prend sa source dans les environs de *Tragacète* (prov. de Cuenca), parcourt 400 kilomètres et se jette dans la Méditerranée à Culléra (prov. de Valence);

3° Le **Guadalaviar**;

4° Le **Mijares**;

5° L'**Ebre**, qui a sa source dans les environs de *Reynosa*, et traverse la Vieille-Castille, l'Aragon et la Catalogne, avant de se jeter dans la Méditerranée, au sud de Tarragone. Il a un parcours de 725 kilomètres.

52. **Lacs.** — *Quels sont les principaux lacs de l'Espagne?*

L'Espagne n'a aucun lac qui mérite véritablement ce nom; mais elle a quelques lagunes remarquables :

1° La lagune de **Bénévent**, à Zamora;
2° — d'**Antéquéra**, à Malaga;
3° — de **Béjar**, à Salamanque;
4° — de **Grédos**, à Avila;
5° — de **Gallocante**, à Saragosse;
6° — de la **Mer Mineure**, en Murcie;
7° Les quinze lagunes de **Ruidéra**, entre Ciudad-Réal et Albacète.

II. — GOUVERNEMENT

53. **Historique.** — *Quels sont les premiers habitants de l'Espagne?*

L'Espagne ou Ibérie fut habitée, à une époque déjà très reculée, par les **Ibères**, dont la domination s'étendait principalement au Sud et à l'Est. Les **Celtes** l'envahirent plusieurs siècles avant Jésus-Christ. Ils s'établirent au Nord et à l'Ouest. Plus tard, les **Celtibères** se formèrent de la réunion de ces deux peuples. Les **Grecs** et les **Carthaginois**, peuples marchands, abordèrent aussi sur les côtes de l'Espagne, et y fondèrent une colonie. Après une lutte acharnée, les **Romains** se rendirent maîtres du pays et en changèrent la langue, les coutumes et même la religion.

A la chute de l'empire romain, c'est-à-dire, au commencement du cinquième siècle, l'Espagne devint la proie des **Vandales**, des **Tripolitains**, des **Suèves**, et enfin des **Visigoths.**

54. *Comment s'est formé le royaume d'Espagne?*

Une fois maîtres de l'Espagne, les Visigoths y établirent un royaume qui dura jusqu'à l'invasion des Arabes et des Maures, au septième siècle. Ceux-ci fondèrent le califat de Cordoue, que la division devait ruiner. Du reste, les chrétiens avaient refusé de subir le joug musulman. Sortant peu à peu de leurs retraites des Asturies, de l'Aragon, de la Castille, de Léon et de la Navarre, ils attaquèrent les Maures avec tant de constance et d'héroïsme, qu'après sept cents ans d'efforts inouïs, ils finirent par les écraser, en emportant d'assaut la ville de Grenade elle-même, le dernier boulevard de la puissance musulmane dans la péninsule (1492). Cette même année 1492, Christophe Colomb découvrit l'Amérique et donna aux Espagnols tout ce nouveau monde qui devait être pour eux une source inépuisable de richesses. Le vrai *Royaume d'Espagne* existait enfin! Il n'avait été fondé qu'en 1479, par le mariage de Philippe d'Aragon avec Elisabeth de Castille, et déjà il jetait un éclat merveilleux. Le mariage de la princesse Jeanne, fille des rois catholiques, avec l'archiduc Philippe, fils de l'empereur Maximilien, vint encore lui donner une nouvelle splendeur, en appelant sur son trône la Maison d'Autriche. Ce fut, en effet, sous cette dynastie, et en particulier sous les règnes de Charles Ier et de Philippe II, que l'Espagne atteignit l'apogée de sa gloire. Elle avait tellement étendu sa puissance, que lorsque Charles-Quint mourut, il laissa à son fils Philippe : l'Espagne, l'Autriche, les Pays-Bas, le Milanais, la Sardaigne et les Deux-Siciles. Philippe II sut conserver cet empire immense, il réunit même le Portugal à la couronne; mais, à la fin de sa vie, la perte des Flandres fut le commencement de la décadence de cette puissante et brillante monarchie.

En 1700, la Maison de Bourbon, en la personne de Philippe V, vint remplacer, sur le trône d'Espagne, la dynastie autrichienne épuisée. A la paix d'Utrecht, l'Espagne perdit les Pays-Bas et le Milanais. Au commencement du dix-neuvième siècle, elle soutint une lutte acharnée contre Napoléon, afin de conserver la liberté pour elle-même et sa couronne à la dynastie des Bourbons.

De 1810 à 1824, elle perdit les plus belles de ses colonies américaines qui se rendirent indépendantes. En 1868, une révolution détrôna Elisabeth II, que la France accueillit, et dont le règne avait duré trente-cinq ans. Après un interrègne de deux ans, on appela au trône Amédée de Savoie. Celui-ci abdiqua en 1873 ; la République fut proclamée, puis rejetée. Enfin, en décembre 1874, le fils d'Elisabeth monta sur le trône et gouverna sous le nom d'Alphonse XII. Il mourut en 1885. Son fils, Alphonse XIII, né en 1886, fut déclaré roi en naissant; la régence fut confiée à sa mère, Christine de Habsbourg.

En 1899, les Etats-Unis ont enlevé à l'Espagne l'île de Cuba et les Philippines. La même année, elle a vendu à l'Allemagne, les Mariannes et les Carolines. Il lui reste encore quelques possessions en Afrique.

55. **Etat actuel.** — *Quel est le gouvernement de l'Espagne?*

Le gouvernement de l'Espagne est la royauté héréditaire constitutionnelle. Le roi a le titre de *Catholique*; l'héritier présomptif de la Couronne porte celui de *Prince des Asturies*.

56. *A qui appartient le pouvoir législatif?*

Le pouvoir législatif appartient aux Chambres des Sénateurs et des Députés. Le Roi sanctionne les lois et les fait exécuter.

57. *Combien y a-t-il de ministres?*

Il y a sept ministres :

1° Le ministre des **Affaires étrangères** (*de Estado*), chargé des relations avec l'Etranger et de la distribution des décorations civiles et des titres de Castille.

2° Le ministre de la **Justice** (*Justicia y Gracia*), de qui relèvent le culte et tout ce qui se rapporte à l'administration de la propriété.

3° Le ministre des **Finances** (*de Hacienda*), qui a l'administration des rentes et des biens de l'Etat.

4° Le ministre de l'**Intérieur** (*de Gobernacion*), à qui revient le soin de tout ce qui touche à la tranquillité publique et au gouvernement intérieur du pays.

5° Le ministre de l'**Instruction publique**, des **Travaux publics** et de l'**Agriculture** (*de Fomento*), préposé à l'instruction publique, aux travaux publics, à l'agriculture, au commerce et à la statistique.

6° Le ministre de la **Guerre**, qui administre toutes les classes de l'Armée et distribue les décorations militaires.

7° Le ministre de la **Marine**, chargé de la formation et de la conservation des arsenaux, des ports et des navires de guerre.

58. *Quels sont les représentants de l'Espagne à l'Etranger?*

A l'Etranger, l'Espagne a des Ambassadeurs et des Ministres plénipotentiaires, dans les Cours; des Consuls et des Vice-consuls, dans les villes principales.

59. *Combien de tribunaux y a-t-il en Espagne pour administrer la Justice.*

Il y a un **Tribunal suprême** ou de **cassation** à la Cour et 15 Cours d'Appel dans les provinces, qui sont : Madrid, Valladolid, Burgos, Pampelune, Saragosse, Barcelone, Valence, Albacète, Grenade, Séville, Cacéres, Oviédo, Corogne, Canaries, Palma; il y a aussi 80 tribunaux de Police correctionnelle et 503 districts judiciaires; en outre, chaque village a ses juges de Paix, suivant le nombre des habitants.

60. *Comment l'administration intérieure est-elle répartie?*

L'administration intérieure est répartie entre plusieurs conseils : 1° le **Conseil d'Etat** et plusieurs conseils généraux, siégeant à la Cour; 2° dans chaque province, le gouvernement civil et une assemblée de représentants élus par la province; 3° dans chaque village ou district, le Conseil municipal avec un Maire constitutionnel et un certain nombre de conseillers, selon le nombre des habitants.

61. *Comment sont administrées les Finances?*

Les Finances sont administrées par un **Tribunal suprême des Comptes** et plusieurs représentants à la Cour; dans les provinces, par une administration particulière pour chaque branche, exception faite des biens nationaux que le gouvernement retient à part.

62. *Quelle est l'administration de l'armée?*

A la Cour résident le **Conseil suprême de la guerre** et des directeurs généraux pour toutes les armes. De plus, il y a 14 *Capitaineries générales* qui ont chacune un Etat-major, des gouverneurs et des ingénieurs respectifs.

Les 15 provinces ou villes érigées en Capitaineries générales sont : la Nouvelle-Castille, la Vieille-Castille, Burgos, la Galice, les Provinces Basques, la Navarre, l'Aragon, la Catalogne, Valence, Grenade, l'Andalousie, l'Estrémadure, les Canaries, les Baléares.

63. *Quel est l'effectif de l'armée en temps de paix?*

L'effectif de l'armée espagnole, en temps de paix, est de plus de 100000 hommes de toutes armes en activité de service. En temps de guerre, il s'élève à près de 850000 hommes.

64. *Combien de navires possède la marine militaire et comment sont-ils répartis?*

La marine militaire espagnole possède environ 130 navires de toutes classes avec 520 canons et 21000 hommes de troupe ou d'équipement maritime; ces navires sont répartis dans les départements maritimes de Cadix, du Ferrol et de Carthagène.

65. *Quelles sont les croix et les distinctions honorifiques en Espagne?*

Les distinctions honorifiques de l'Espagne sont :

1° D'abord, les ordres militaires de **Calatrava**, de **Montésa** et de **Saint-Jacques**;

2° L'ordre de la **Toison d'Or**, le plus célèbre de tous;

3° Les médailles de **Charles III**, de **Saint-Ferdinand**, de **Saint-Herménégilde**, d'**Elisabeth la Catholique**, de **Bienfaisance**, du **Mérite militaire**, de **Marie-Victoire** et de **Marie-Louise** pour les dames, et plusieurs autres pour récompenser les glorieux faits d'armes.

66. *Quelle religion professent les Espagnols?*

Les Espagnols professent la religion **Catholique**, **Apostolique** et **Romaine**; elle est desservie par 9 archevêchés : Tolède, Valladolid, Burgos, Saint-Jacques-de-Compostelle, Saragosse, Tarragone, Valence, Grenade, Séville, et 53 évêchés suffragants. Ils possèdent en tout 65 cathédrales, un grand nombre de séminaires et 16852 paroisses.

Les églises d'Espagne sont presque toutes d'une grande richesse, surtout les autels dont la sculpture et les décorations ont une grande valeur.

67. *En quel état se trouve l'instruction publique?*

L'instruction publique n'a jamais été plus florissante. Elle est surveillée par un **Directoire général** établi au Ministère; soutenue, développée, stimulée par les dix universités de Madrid, Valladolid, Saint-Jacques-de-Compostelle, Oviédo, Saragosse, Barcelone, Valence, Grenade, Séville, Salamanque, et largement distribuée par les Instituts, les Ecoles normales, les écoles publiques d'enseignement primaire et et les collèges particuliers.

68. *Combien y a-t-il d'académies militaires en Espagne?*

Il y a en Espagne cinq Académies militaires : les deux Académies générales d'Infanterie et de Cavalerie; les Académies spéciales d'Etat-Major, d'Artillerie et du Génie.

69. *Y a-t-il d'autres Ecoles?*

Oui : il y a encore les Ecoles des Ingénieurs industriels, des Ponts et Chaussées, l'Ecole Forestière, les Ecoles des Mines, d'Architecture, des Arts et métiers, de Marine, de Commerce, de Droit International et plusieurs autres.

70. *Quelle est la situation de l'enseignement primaire?*

L'enseignement primaire est considérablement amélioré. On peut dire que rares sont les villages dépourvus d'écoles primaires, et les petites villes où ne se trouve déjà quelque établissement d'enseignement secondaire.

III. — AGRICULTURE, INDUSTRIE, COMMERCE

71. *Dans quel état se trouve l'Agriculture?*

L'agriculture s'améliore de jour en jour, à mesure qu'on trace de nouvelles voies de communication et que l'instruction se développe. Le vin, l'huile, les céréales et les fruits de toute espèce sont les produits agricoles les plus abondants et font la principale richesse de l'Espagne.

72. *L'Espagne a-t-elle de bonnes routes?*

Oui, l'Espagne a de bonnes routes, et chaque jour on en construit de nouvelles, tout en réparant celles qui existent.

Il y a des routes de deuxième et de troisième ordre dans toutes les provinces; de plus, il y a six routes nationales ou de premier ordre qui sont :

La première, de Madrid en France, par Irun.

La deuxième, de Madrid en France, par l'Aragon et la Catalogne.

La troisième, de Madrid à Castillon-de-la-Plana, par Valence.

La quatrième, de Madrid en Andalousie, avec embranchement sur Cadix et sur Malaga.

La cinquième, de Madrid en Portugal, par Badajoz.

La sixième, de Madrid en Corogne, avec un embranchement vers les Asturies.

73. *Nommez les principales lignes de chemin de fer.*

La première, de Madrid en France, par Irun avec embranchement sur la Corogne, Santander, Bilbao, Saragosse.

La deuxième, de Madrid à Saragosse, par Guadalajara.

La troisième, de Madrid à Alicante, par Albacète.

La quatrième, de Madrid en Portugal, par Ciudad-Réal et Badajoz.

La cinquième, de Madrid en Portugal, par Valence d'Alcantara.

La sixième comprend les chemins de fer de l'Andalousie, dont les plus importants sont : de Cordoue à Malaga; de Cordoue à Grenade; de Séville à Cadix.

La septième, d'Almansa à Valence et à Tarragone.

La huitième, de Tarragone à Barcelone et en France.

La neuvième, de Barcelone à Saragosse.

Il y a encore d'autres chemins de fer qui communiquent avec les capitales des Provinces.

74. *Quelles sont les lignes de navigation?*

Il y a dix lignes principales de navigation :

1° Cinq qui vont aux Antilles.

2° Une qui va aux Philippines.

3° Quatre aux îles Canaries, au Maroc et aux Baléares.

75. *L'Espagne a-t-elle des canaux?*

Oui, l'Espagne a des canaux, dont les principaux sont les suivants :

1° Le canal d'Aragon, de 105 kilomètres de long.

2° Le canal de Castille, 156 kilomètres.

3° Le canal de Ferdinand, qui rend le Guadalquivir navigable jusqu'à Séville.

4° Le canal d'Urgel à Lérida.

5° Le canal de l'Infant à Barcelone.

On travaille à canaliser plusieurs fleuves.

76. *Y a-t-il beaucoup de lignes télégraphiques en Espagne?*

Oui, il y a de nombreuses lignes télégraphiques en Espagne. Plusieurs communiquent avec l'étranger, et un grand nombre fonctionnent entre les provinces de l'intérieur; la longueur de ces lignes est de plus de 30 000 kilomètres, et celle des fils de plus de 60 000 kilomètres. Il y a 1 138 bureaux télégraphiques, par lesquels passent annuellement plus de 4 millions de télégrammes.

77. *Comment sont répartis les câbles?*

Les câbles sont répartis de la manière suivante :

1° De Java (prov. d'Alicante) aux îles Baléares;

2° de Cadix aux Canaries et à Saint-Louis-du-Sénégal (Afrique);

3° de Cadix en Portugal;

4° de Vigo en Portugal;

5° de Vigo en Angleterre;

6° de Bilbao en Angleterre;

7° de Barcelone à Marseille (France).

78. *Quel est le progrès de l'Industrie?*

L'industrie est encore peu développée; cependant un progrès continuel se fait sentir principalement dans les provinces maritimes, surtout en Catalogne, à Valence et dans les Provinces Basques. Les principales branches de l'industrie espagnole sont : la métallurgie dans les Provinces Basques, l'Andalousie et en Murcie; la filature et les tissus en Catalogne; les conserves alimentaires dans la Galice, les Asturies, l'Andalousie et à Valence; la papeterie dans les Provinces Basques et en Catalogne.

79. *Dans quel état se trouve le Commerce?*

Quoiqu'il ait à souffrir du peu de développement des voies de communication, le commerce espagnol est cependant en état de progrès. Il se fait principalement avec la France, l'Angleterre, les Républiques de l'Amérique du Sud, le Portugal et la Belgique. Les produits exportés sont : le vin, l'huile, les fruits de toute espèce, la laine, la cire et le cuivre. L'importation fait entrer en Espagne des machines, des tissus, le coton, les cuirs et surtout le charbon.

80. *Quel est le climat de l'Espagne?*

Le climat de la Péninsule est très varié. Froid sur les montagnes, tempéré dans la plaine, il devient chaud sur le littoral de la Méditerranée et dans les provinces du Sud. Il est donc facile de juger du climat de chaque province d'après sa position géographique et son élévation au-dessus du niveau de la mer.

IV. — PROVINCES D'ESPAGNE

81. *Comment se divisait anciennement l'Espagne, et comment se divise-t-elle aujourd'hui?*

L'Espagne se divisait anciennement en 16 royaumes, et aujourd'hui en 49 provinces, savoir :

ANCIENS ROYAUMES	NOUVELLES PROVINCES	CAPITALES DES NOUVELLES PROVINCES
Au Nord.		
Galice, capitale Saint-Jacques-de-Compostelle............	Corogne.....	» (1)
	Lugo........	»
	Orense......	»
	Pontévédra...	»
Principauté des Asturies, capitale Oviédo...............	Oviédo......	»
Vieille-Castille, capitale Burgos......................	Burgos......	»
	Santander...	»
	Logrono.....	»
	Soria........	»
	Ségovie......	»
	Avila........	»
Provinces Basques............	Alava........	Vitoria......
	Biscaye......	Bilbao.......
	Guipuscoa...	St-Sébastien..
Royaume de Navarre, capitale Pampelune................	Navarre.....	Pampelune...
Royaume d'Aragon, capitale Saragosse.................	Saragosse....	»
	Huesca......	»
	Téruel.......	»
Principauté de Catalogne, capitale Barcelone............	Barcelone....	»
	Tarragone...	»
	Lérida.......	»
	Girone.......	»

(1) » signifie que la capitale porte le même nom que la province.

ANCIENS ROYAUMES	NOUVELLES PROVINCES	CAPITALES DES NOUVELLES PROVINCES
Au Centre.		
Royaume de Valence, capitale Valence................	Castillon de la Plana.....	»
	Valence......	»
	Alicante.....	»
La Nouvelle-Castille, capitale Madrid..................	Madrid......	»
	Tolède.......	»
	Ciudad-Réal..	»
	Cuenca......	»
	Guadalajara..	»
Royaume de Léon, capitale Léon......................	Léon........	»
	Zamora......	»
	Salamanque..	»
	Valladolid....	»
	Palencia.....	»
Estrémadure, capitale Badajoz.	Badajoz......	»
	Cacérès......	»
Au Sud.		
ANDALOUSIE		
Royaume de Séville, capitale Séville............	Cadix........	»
	Huelva......	»
	Séville.......	»
Royaume de Cordoue, capitale Cordoue...........	Cordoue.....	»
Royaume de Jaen, capitale Jaen...............	Jaen.........	»
Royaume de Grenade, capitale Grenade..........	Grenade.....	»
	Malaga......	»
	Almérie......	»
Royaume de Murcie, capitale Murcie..................	Murcie.......	»
	Albacète.....	»
Iles Baléares, capitale Palma..	Baléares.....	Palma.......
Iles Canaries, capitale Sainte-Croix-de-Ténériffe.........	Canaries.....	Ste-Croix-de-Ténériffe..

Royaume de Galice.

Le royaume de Galice comprend les quatre provinces de : *Corogne*, *Lugo*, *Orense*, *Pontévédra*.

Le sol est coupé par les montagnes de *Rabanal*, de *Ségundéra* et du *Finisterre*. On y cultive avec succès, le noyer, le châtaignier et le pommier. De nombreux troupeaux de brebis et de mulets sont nourris dans des pâturages arrosés par le *Migno*, le *Tambre*, l'*Eo* et le *Sil*.

1° Province de **Corogne** (1 903 kil. c.), 613 881 habitants; capitale Corogne (3 700 hab.), bon port renommé par la pêche de la sardine, fabriques de papier. — Le Ferrol, port avec arsenal militaire. — Saint-Jacques-de-Compostelle, où se trouve le sépulcre de l'apôtre saint Jacques. — Bétanzos, cité agricole.

2° Province de **Lugo** (9 881 kilom. carr.), 432 165 habitants; capitale Lugo (20 000 hab.), belle église gothique, commerce important de troupeaux. — Montdognedo, tanneries. — Vivero et Rivadeo, ports de commerce. — Fonsagrada, remarquable par l'élevage des troupeaux.

3° Province d'**Orense** (6 979 kilom. carr.), 405 127 habitants; capitale Orense (14 000 hab.), ville industrielle, fait le commerce de jambons. — Rivadavia, vins. — Cortégada, eaux minérales.

4° Province de **Pontévédra** (4 391 kil. c.), 443 385 habitants; capitale Pontévédra (20 000 hab.), ville industrielle. — Vigo, un des ports les plus sûrs et les plus spacieux du monde. — Rédondéla, port à l'embouchure d'une rivière. — Tuy, place forte sur les frontières du Portugal.

Principauté des Asturies.

Ce royaume a formé la province d'Oviédo.

Le voisinage de l'Océan et les montagnes couvertes de bois épais rendent son climat froid et humide; ses productions sont les mêmes que dans la *Galice*, seulement le cidre remplace le vin. Les mines abondent dans les montagnes. Les pics les plus élevés sont les *Rochers d'Europe*. Le pays est arrosé par la *Navia* et le *Norlon*.

Province d'**Oviédo** (10 895 kilom. carr.), 595 420 habitants; capitale Oviédo (43 000 hab.), ville ouvrière et très ancienne. — Gijon et Avilès, ports, villes industrielles. — Cangas d'Onis, près du célèbre sanctuaire de Covadonga. — A Troubia, fabrique des canons et des armes de l'armée espagnole.

Vieille-Castille.

De ce royaume se sont formées les six provinces de *Burgos*, *Avila*, *Ségovie*, *Soria*, *Logrogno*, *Santander*.

Les montagnes de *Burgos*, les chaînes de *Grédos*, d'*Oca* et de *Caméros* encaissent des vallées assez larges où coulent l'*Ebre*, le *Douro*, l'*Arlanzon*. Les céréales et le vin sont les principales récoltes de ces vallées. Les montagnes offrent de bons pâturages à de nombreux troupeaux de moutons.

1° Province de **Burgos** (14196 kilom. carr.), 338551 habitants; capitale BURGOS (31000 hab.), magnifique cathédrale; aux alentours, on remarque le célèbre monastère des Huelgas et la Chartreuse de Miraflores. — ARANDA-DE-DOURO. — MIRANDA-DE-EBRO, où se croisent les quatre principales lignes des chemins de fer du Nord de l'Espagne; cette petite ville a une position stratégique très importante.

2° Province d'**Avila** (7882 kilom. carr.), 193093 habitants; capitale AVILA (11000 hab.), cathédrale gothique; patrie de sainte Thérèse. — ARÉVALO, riche en blés. — MADRIGAL, patrie d'Elisabeth la Catholique.

3° Province de **Ségovie** (6827 kilom. carr.), 154443 habitants; capitale SÉGOVIE (14000 hab.), fameux aqueduc romain. Il y a aussi un château royal où se trouve l'Ecole d'artillerie. — CUELLAR, moutons mérinos. — SAINT-ILDEPHONSE, château royal.

4° Province de **Soria** (10318 kilom. carr.), 151530 habitants; capitale SORIA (18000 hab.), élevage du bétail, beurre. Près de Soria se trouvent les ruines de la fameuse Numance, dont les habitants tinrent quatorze ans en échec les efforts de la tyrannie Romaine. — AGRÉDA et ALMAZAN, populations agricoles. — OSMA, ville industrielle, patrie de saint Dominique. — MÉDINACÉLI.

5° Province de **Logrogno** (5041 kil. c.), 181465 habitants; capitale LOGROGNO (16000 hab.), belle ville industrielle sur l'Ebre. — HARO, CALAHORRA. Après la prise de Numance, les héros qui survécurent au siège de cette ville se retirèrent à Calahorra où on les fit mourir de faim de la façon la plus cruelle. Ce supplice est resté proverbial pour signifier une faim extrême. — SAINT-DOMINIQUE-DE-LA-CALZADA, NAJÉRA, belle campagne. — LA RIOJA, vaste plaine riche en vins.

6° Province de **Santander** (5460 kil. c.), 244274 habitants; capitale SANTANDER (42000 hab.), excellent port, grand commerce de farines et de sucre avec l'Amérique. — RAMALES, fer. — SARÉDO, industrie, pêches, conserves. — SANTOGNA, place forte et garnison.

Provinces Basques.

Les Provinces Basques sont au nombre de trois : *Alava*, *Guipuscoa*, *Biscaye*.

Traversé par les *Pyrénées*, le sol est très accidenté. L'*Ebre*, la *Bidassoa*, la *Nerva* sont les principaux cours d'eau du pays. Les pâturages nourrissent de nombreux troupeaux de brebis et de mulets. L'exploitation des mines de fer et l'industrie occupent un grand nombre d'ouvriers.

1° Province d'**Alava** (3045 kilom. carr.), 92915 habitants; capitale Vitoria (28000 hab.), ville remarquable par la beauté de ses jardins et la fertilité de ses campagnes. — Ordugna et Laguardia, cités agricoles.

2° Province de **Biscaye** (2165 kilom. carr.), 235659 habitants; capitale Bilbao (51000 hab.), port important sur la rivière du même nom. L'industrie et le commerce y sont très actifs. Fonderie de fer et d'acier. — Portugalété, bon port; industrie. — Durango et Balsamède, villes agricoles.

3° Province de **Guipuscoa** (1885 kil. c.), 181845 habitants; capitale Saint-Sébastien (30000 hab.), bon port. C'est la ville d'Espagne la plus fréquentée par les baigneurs. La Reine régente va tous les ans y prendre ses vacances. Le château royal est un modèle d'architecture et de sculpture. — Irun, la deuxième douane d'Espagne pour son importance. — Tolosa, ville ouvrière. — Vergara, vallée délicieuse. — Pasajes, port. — Azpêitia, patrie de saint Ignace de Loyola.

Navarre.

Ce royaume est devenu la province de *Navarre*. Le terrain montagneux au Nord s'abaisse peu à peu jusqu'aux rives de l'*Ebre*. Dans les plaines, on récolte en abondance le vin, l'huile et des fruits de première qualité. L'*Ebre* et ses affluents, l'*Arga*, l'*Ega*, l'*Aragon*, favorisent l'agriculture qui ne pourrait prospérer dans ce pays sans l'arrosage artificiel.

Province de **Navarre** (10506 kilom. carr.), 304122 habitants; capitale Pampelune (27000 hab.), ville industrielle protégée par un fort réputé imprenable. Les environs sont magnifiques. — Estella, place fortifiée. — Tudéla et Tafalla, cités agricoles. — Roncevaux, bourg devenu célèbre par l'héroïque résistance de Roland, neveu de Charlemagne, aux troupes des Sarrasins; il y mourut glorieusement en arrosant de son sang son épée légendaire, appelée *Durandal* (778). Au sud de la Navarre se trouve Cascanté, renommée pour son huile d'olives.

Aragon.

De ce royaume sont formées les provinces de *Saragosse*, *Huesca* et *Téruel*.

Au centre, on rencontre des plaines très fertiles en céréales, vins et huiles. Le reste du pays est peu productif. L'industrie y est assez avancée. Dans la province de *Téruel*, il y a des mines. Parmi les monts les plus remarquables, on peut citer le mont *Cayo* et la chaîne des montagnes d'*Albarracin*. Cette contrée est arrosée par l'*Ebre* et plusieurs de ses affluents : le *Gallego*, le *Cinca* et le *Jacon*.

1° Province de **Saragosse** (17424 kil. c.), 415195 habitants; capitale Saragosse (100000 hab.), sur les rives de l'Ebre; célèbre par le sanctuaire de la Vierge du Pilar. Elle fut prise par les Français, en 1809, après une résistance héroïque soutenue par l'intrépide général Palafox. Ville remarquable par ses fonderies de fer et d'acier. — Calatayud et Tarazona, villes industrielles.

2° Province de **Huesca** (15149 kilom. carr.), 255137 habitants; capitale Huesca (12000 hab.), située dans une belle plaine. — Fraga, figues renommées. — Jaca, place forte. — Barbastre, plaine fertile. — Sarignéna et Panticosa, célèbres établissements de bains.

3° Province de **Téruel** (14818 kilom. carr.), 241865 habitants; capitale Téruel (9000 hab.), industrie peu développée. — Alcanis et Albarracin, villes agricoles et industrielles.

Catalogne.

Ce royaume a formé les quatre provinces de *Barcelone*, de *Tarragone*, de *Lérida* et de *Girone*.

Les monts de *Montserrat*, de *Prades* et la chaîne du *Grao* et de *Carniols* s'étendent sur toute la contrée. Peu favorisée du sol, l'agriculture y est cependant prospère. C'est surtout l'industrie qui fait la principale richesse du pays. — L'*Ebre* l'arrose au Sud; au Nord coulent la *Sègre*, la *Noguéra*, la *Fluvia* et le *Ter*.

1° Province de **Barcelone** (7691 kil. c.), 902970 habitants; capitale Barcelone (500000 hab.), vaste port de commerce, le plus important de l'Espagne. Cette ville est le centre principal de l'industrie espagnole. Fabriques de machines, objets d'art, soieries, draperies, etc. — SANS-GRACIA, SAINT-MARTIN et SAINT-ANDRÉ, villes industrielles aux environs de la capitale. L'industrie textile occupe activement les villes de MONTARO et d'IGUALADA.

2° Province de **Tarragone** (6490 kil. c.), 348579 habitants; capitale TARRAGONE (27000 hab.), port sur la Méditerranée, ville industrielle. — RÉUS, ville superbe avec une florissante industrie de tissus de toute espèce. — VALLS, centre ouvrier. — TORTOSA, huile renommée.

3° Province de **Lérida** (12151 kilom. carr.), 285417 habitants; capitale LÉRIDA (22000 hab.), place forte. Les campagnes d'alentour sont très fertiles. — CERVÉRA, industrie. — BALAGUER et SÉO-D'URGEL, villes agricoles.

4° Province de **Girone** (5865 kilom. carr.), 305583 habitants; capitale GIRONE (15000 hab.); cette ville peu industrielle possède de magnifiques alentours. — FIGUÉRAS, place forte. — SAINT-FÉLIO-DE-GUISCOLS, port et fabrique de bouchons. — OLOT, ville industrielle et agricole.

Valence.

Ce royaume a formé les trois provinces de *Valence*, de *Castillon-de-la-Plana* et d'*Alicante*.

Le pays peu montueux offre des vallées et des plaines fertiles où l'on récolte en abondance le riz, le vin et l'huile. On y cultive avec succès le pommier, l'oranger, le citronnier et le mûrier dont les feuilles nourrissent les vers à soie. Quatre grandes rivières : le *Mijares*, la *Guadiana*, le *Jucar* et la *Ségura* donnent l'eau nécessaire pour la culture du riz.

1° Province de **Valence** (10751 kilom. carr.), 733978 habitants; capitale VALENCE (171000 hab.), remarquable par le nombre de ses édifices et la beauté du paysage; ville renommée pour ses oranges et l'industrie de la soie. — JATIVA, population industrielle. — ALCIRE, ville agricole. — GANDIE, port.

2° Province de **Castillon-de-la-Plana** (6465 kilom. carr.); capitale CASTILLON-DE-LA-PLANA (25000 hab.), ville plutôt agricole qu'industrielle. — VINAREZ et BÉNICARLO, villes maritimes, commerce important de vins. — MORELLA, célèbre par son château et sa grande fabrication de couvertures.

3° Province d'**Alicante** (5660 kilom. carr.), 433050 habitants; capitale ALICANTE (40000 hab.), bon port de commerce, vins renommés. — ALCOY, une des villes les plus industrielles de l'Espagne. — ORIHUÉLA et MANOVAR, belles campagnes bien cultivées.

Nouvelle-Castille.

Ce royaume comprend les cinq provinces de *Madrid*, de *Tolède*, de *Ciudad-Réal*, de *Cuenca* et de *Guadalajara*.

Trois chaînes de montagnes traversent ce royaume : les monts *Carpétaniens* au Nord, les monts de *Tolède* au Centre, et au Sud la *Sierra-Moréna*. A part les vallées du *Tage* et de la *Guadiana*, le sol est peu fertile. Le vin, les céréales et les troupeaux de moutons mérinos sont les seules ressources du pays.

1° Province de **Madrid** (7 989 kilom. carr.), 682 644 habitants; capitale MADRID (506 000 hab.), capitale de l'Espagne. De beaux jardins, de riches musées, de superbes édifices — parmi lesquels le Palais-Royal — embellissent cette ville. — ALCALA-DE-HÉNARÈS, célèbre université fondée par le cardinal Cisneros, patrie de Cervantès. — ARANJUEZ et LE PARDO, palais royaux avec vastes jardins. — L'ESCURIAL, sépulture des rois d'Espagne. Palais et monastères royaux construits par Philippe II. Cet édifice grandiose fait l'admiration de tous les architectes modernes.

2° Province de **Tolède** (15 257 kilom. carr.), 359 502 habitants; capitale TOLÈDE (25 000 hab.), sur le Tage, siège métropolitain du Primat des Espagnes. L'Alcazar et la cathédrale sont les plus beaux monuments de la ville. Dans une de ses chapelles latérales, on célèbre la *Messe* en rite mozarabe. La fabrique d'armes blanches de Tolède est connue de toute la Péninsule. — TALAVÉRA-DE-LA-REINE, industrie florissante. — OCAGNA et MADRIDÉJOS, ville où se fait le meilleur fromage de la Manche.

3° Province de **Ciudad-Réal** (19 608 kilom. carr.), 292 291 habitants; capitale CIUDAD-RÉAL (15 600 hab.), ville industrielle. — DAIMIAL et VALDEPEGNAS, produits agricoles et vins renommés. — ALMADEN, mines de mercure, réputées les meilleures du monde.

4° Province de **Cuenca** (17 193 kilom. carr.), 242 462 habitants; capitale CUENCA (10 000 hab.), ville industrielle. Belle cathédrale. — HUÉTÉ, belle campagne. — TARAMON, soieries. — MINGLANILLA, nombreuses salines.

5° Province de **Guadalajara** (12 113 kil. c.), 201 548 habitants; capitale GUADALAJARA (12 000 hab.), école d'ingénieurs militaires. — Sigüenza, siège épiscopal, magnifique cathédrale. — Brihuéga, renommée pour ses belles étoffes. — Hiende-la-Encina, mines d'argent.

Léon.

Les cinq provinces de *Léon*, *Salamanque*, *Zamora*, *Valladolid*, *Palencia*, se sont formées de l'ancien royaume de *Léon*.

Ce pays présente deux aspects bien différents. Au centre, s'étendent de vastes plaines avec de fertiles vallées arrosées par le *Douro* et ses nombreux affluents. On y récolte des céréales, des vins estimés et des fruits recherchés. Le contour du royaume est couvert de montagnes riches en pâturages et en mines de fer, d'or et d'argent.

1° Province de **Léon** (15 377 kilom. carr.), 380 637 habitants; capitale Léon (13 000 hab.), magnifique église gothique. — Astorga et Villefranche-de-Vierzo, dans de belles vallées.

2° Province de **Salamanque** (12 510 kilom. carr.), 314 412 habitants; capitale Salamanque (22 000 hab.), célèbre par sa fameuse université qui subsiste encore, mais bien déchue de son antique gloire. — Ciudad-Rodrigue, place forte. — Alba-de-Tormès, où l'on vénère les reliques de sainte Thérèse. — Béjar, fabrique d'étoffes.

3° Province de **Zamora** (10 615 kilom. carr.), 270 000 habitants; capitale Zamora (16 000 hab.), ville industrielle, fabrique de draps. — Toro, célèbre par le bois de ce nom. — Bénévent. — Fuente-Sauco, renommée pour ses lagunes.

4° Province de **Valladolid** (7 569 kil. c.), 267 148 habitants; capitale Valladolid (62 000 hab.), commerce de farines. — Médina-de-Rioséco, riche en blés. — Simancas, où l'on garde de très précieuses archives de la couronne de Castille. — Médina-del-Campo, ville commerçante.

5° Province de **Palencia** (8 434 kil. c.), 188 845 habitants; capitale Palencia (15 000 hab.), célèbre pour ses fabriques de couvertures. — Carrion-de-los-Condés et Saldagua, villes industrielles. — Duegnas et Torquémada, agriculture.

Estrémadure.

L'*Estrémadure* forme les deux provinces de *Badajoz* et de *Cacérès*.

Les sierras de *Grédos* et de *Gata* rendent le pays peu propre aux céréales. Le *Tage* et ses affluents l'arrosent de leurs eaux abondantes. La principale occupation des habitants est la culture du chêne-liège et de l'olivier, ainsi que l'élevage de troupeaux de cochons. Les saucissons de ce pays sont renommés.

1° Province de **Badajoz** (21 824 kil. c.), 481 508 habitants; capitale Badajoz (27 000 hab.), place forte sur la frontière du Portugal, industrie. — Mérida, ses nombreuses ruines donnent une grande idée de l'opulence qui la rendit célèbre sous la domination romaine. — Olivenza, place forte. — Don-Bénito (14 000 hab.), patrie de Donoso-Cortès. — Villeneuve-de-la-Séréna, dans une belle plaine.

2° Province de **Cacérès** (19 863 kil. c.), 339 192 habitants; capitale Cacérès (15 000 hab.), ville située dans un terrain très fertile. — Plaisance, dans la campagne appelée de *la Véra*. — Valence-d'Alcantara, place forte. — Trujillo, patrie de Pizarre; saucissons ronommés. — Guadeloupe, célèbre par le sanctuaire de la Vierge de ce nom.

Andalousie.

Sous le nom d'*Andalousie* on comprend :	Le royaume de *Grenade*.	Provinces de Grenade, d'Almérie, de Malaga.
	Le royaume de *Séville*.	Provinces de Séville, de Cadix, de Huelva.
	Le royaume de *Cordoue*.	Province de Cordoue.
	Le royaume de *Jaen*.	Province de Jaen.

Cette contrée est la plus fertile de l'Espagne. Au nord, la *Sierra Moréna;* à l'est et au sud, la *Sierra de Ségura* et la *Sierra-Névada* encaissent les riches vallées du Guadalquivir et de ses nombreux affluents, dont le principal est le *Génil*. Toutes les récoltes et tous les arbres prospèrent dans cette province, depuis le châtaignier des pays froids, jusqu'au palmier de la zone tropicale. Les brises de la mer et l'air frais des montagnes tempèrent les ardeurs du soleil.

1° Province de **Grenade** (12 768 kil. c.), 484 638 habitants; capitale Grenade (73 000 hab.), ancienne cour des rois arabes, dont le palais l'*Alhambra* est connu du monde entier pour sa magnificence et la beauté de son architecture mauresque. — Guadix possède une belle cathédrale; près de là est la station thermale de Graéna. — Soya et Baza, villes industrielles. — Motril, port de mer.

2° Province d'**Almérie** (8 704 kilom. carr.), 333 452 habitants; capitale Almérie (36 000 hab.), port très commerçant. — BERGA et CUÉVAS-DE-VÉRA, mines de plomb. — VÉLEZ-RUBIO et VÉLEZ-BLANCO, fabriques de draps.

3° Province de **Malaga** (7349 kilom. carr.), 519377 habitants; capitale MALAGA (134000 hab.), ville renommée pour ses vins et ses raisins secs. Un des meilleurs ports de la Méditerranée. — ANTÉQUÉRA (25549 hab.), la seconde ville de la province. — VÉLEZ-MALAGA et MARBELLA, ports très commerçants qui exportent beaucoup de fruits. — BONDO, ville industrielle.

4° Province de **Séville** (14064 kilom. carr.), 544815 habitants; capitale SÉVILLE (143000 hab.), sur le Guadalquivir. Parmi ses édifices, il faut citer la cathédrale avec la fameuse tour *la Giralda*. — CARMONA mérite une attention spéciale à cause de ses antiquités romaines et de son agriculture. — GUADALCANAL, mines d'argent.

5° Province de **Cadix** (1342 kilom. carr.), 419871 habitants; capitale CADIX (63000 hab.), port militaire. — XÉREZ-DE-LA-FRONTÉRA, dont les vins sont classés parmi les meilleurs du monde. — ALGÉCIRAS, port fortifié à côté de Gibraltar. — GIBRALTAR, place forte appartenant aux Anglais.

6° Province de **Huelva** (10138 kilom. carr.), 254831 habitants; capitale HUELVA (18000 hab.), port de pêche. — RIOTINTO, mines de cuivre. — MOGUER, petite ville agricole.

7° Province de **Cordoue** (13727 kil. c.), 420718 habitants; capitale CORDOUE (56000 hab.), ancienne cour des rois arabes; son admirable mosquée sert maintenant de cathédrale. Fonderies de fer et d'argent, fabriques de draps et de savons. — LUCÉNA, grand élevage de chevaux andalous. — MONTILLA, célèbre par ses vins; patrie du fameux Gonzalve de Cordoue. — MONTORO, récolte l'huile d'olives en abondance. — BAÉNA, PRIÉGO, élevage de chevaux.

8° Province de **Jaen** (13480 kilom. carr.), 437842 habitants; capitale JAEN (26000 hab.), ville peu industrielle; commerce de produits agricoles. — ANDUJAR, sur le Guadalquivir, remarquable par ses plantations d'oliviers. — UBÉDA, où se trouvent les meilleurs chevaux de l'Andalousie. — NAVAS-DE-TOLOSA, célèbre par la victoire d'Alphonse VIII sur les Maures (1212). — BAYLEN, où le général français Dupont fut surpris par l'armée espagnole et obligé de capituler, en 1808.

Murcie.

Le royaume de *Murcie* comprend les deux provinces de *Murcie* et d'*Albacète*.

Le sol est hérissé de hautes montagnes, telles que les sierras d'*Alcazar* et d'*Estancia*. La *Ségura* est la seule rivière de cette contrée. On y récolte les produits de l'*Andalousie*.

1° Province de **Murcie** (11 537 kilom. carr.), 431 436 habitants; capitale MURCIE (93 000 hab.), dans une délicieuse vallée arrosée par la Ségura; fabriques de poudre. — CARTHAGÈNE, port très commerçant. Arsenal pour la construction des navires cuirassés. — L'UNION, ville de mineurs. — AGUILAS, port d'où l'on exporte les minéraux extraits dans le pays. — ARCHÉNA, station thermale.

2° Province d'**Albacète** (14 863 kil. c.), 229 105 habitants; capitale ALBACÈTE (21 000 hab.), coutelleries et fabriques d'armes blanches. — HELLIN, mines de soufre. — LA RODA, commerce de safran.

Iles Baléares.

Les îles *Baléares*, *Majorque* et *Minorque* forment une seule province; capitale PALMA. Le climat tempéré de ces îles favorise la culture de toute espèce d'arbres fruitiers. Le figuier, l'oranger, le palmier et la vigne y prospèrent également.

Province des **Baléares** (5 014 kilom. carr.), 312 593 habitants; capitale dans l'île Majorque, PALMA (61 000 hab.), belle cité industrielle avec un bon port; le commerce est assez important. — SOLLER et ALCUDIA, ports. — MANACOR, agriculture. — ARTA, célèbre par ses grottes.

Iles Canaries.

Les îles *Canaries* sont au nombre de 20, dont 7 habitées, 13 désertes. Les 7 habitées sont : *Ténériffe*, la *Grande Canarie*, *Fuerté-Ventura*, *Lanzarote*, la *Goméra*, *Palma* et l'*île de Fer*. Le terrain de ces îles est montagneux, volcanique et très fertile; des fruits exquis, le vin, le miel, le sucre, les oiseaux appelés canaris sont autant de produits exportés à l'étranger. On y élève aussi des troupeaux de chameaux.

(7 273 kilom. carr.), 291 625 habitants; capitale SAINTE-CROIX-DE-TÉNÉRIFFE (20 000 hab.), port et place forte. — OROTAVA, port, vins en assez grande quantité. — LAS PALMAS, principal port des Canaries.

V. — POSSESSIONS

82. — *Quelles sont les possessions de l'Espagne?*

En Afrique, l'Espagne possède : *Ceuta*, *Mélilla*, *Pegnon-de-Vélez-de-la-Goméra*; les îles *Alhucémas* et *Chafarinas*, l'îlot de l'*Alboran*. Sur la côte occidentale du Sahara se trouve *Ifni* ou *Sainte-Croix-de-mar-Pequégna*. La partie de la côte comprise entre les caps Bogador et Blanco, où se trouvent les territoires de *Río-de-Oro* et *Andrar-Sétecf*, lui appartient aussi.

Dans le golfe de Guinée, elle a les îles *Fernando-Poo*, *Annobon*, *Corisco* et *Elobey* et le territoire de *Saint-Jean*.

Ce pays comprend 709 000 kilomètres carrés et 150 000 habitants.

VI. — RÉPUBLIQUE D'ANDORRE

Capitale Andorre.

83. — *Qu'est-ce que la République d'Andorre?*

La *République d'Andorre* est un territoire neutre situé au nord de la province de Lérida, dans le bassin supérieur de la rivière Bélira. Son gouvernement est autonome; mais la souveraineté appartient à la fois à l'Espagne et à la France, représentées par l'évêque d'Urgel et le Président de la République française.

Les habitants d'Andorre vivent de troupeaux et des produits de l'agriculture; ils ressemblent aux Catalans par la langue et par les coutumes. La population de cette petite république s'élève seulement à une moyenne de 12 000 habitants. La capitale est Andorre, 2000 habitants.

TABLE DES MATIÈRES

SAINT-CLOUD. — IMPRIMERIE BELIN FRÈRES.

www.ingramcontent.com/pod-product-compliance
Ingram Content Group UK Ltd.
Pitfield, Milton Keynes, MK11 3LW, UK
UKHW021024200726
13857UKWH00004B/1565

9 782012 947702